CB040306

Parte da paisagem

Adriana Lisboa

PARTE DA PAISAGEM

ILUMI//URAS

Capa
Eder Cardoso / Iluminuras
sobre foto de Eduardo Montes-Bradley

Revisão
Maria de Freitas

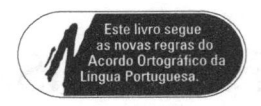

Este livro segue as novas regras do Acordo Ortográfico da Língua Portuguesa.

CIP-BRASIL. CATALOGAÇÃO NA PUBLICAÇÃO
SINDICATO NACIONAL DOS EDITORES DE LIVROS, RJ

L75p

Lisboa, Adriana, 1970-
    Parte da paisagem / Adriana Lisboa. - 1. ed. - São Paulo : Iluminuras, 2014.
120 p. : il. ; 21 cm.

ISBN 978-85-7321- 441-3

1. Poesia brasileira. I. Título.

14-11353   CDD: 869.91
                             CDU: 821.134.3(81)-1

2021
EDITORA ILUMINURAS LTDA.
Rua Inácio Pereira da Rocha, 389 - 05432-011 - São Paulo - SP - Brasil
Tel./ Fax: 55 11 3031-6161
iluminuras@iluminuras.com.br
www.iluminuras.com.br

ao meu pai
e em memória da minha mãe

ÍNDICE

apparently we believe
in the words
and through them

[aparentemente acreditamos
nas palavras
e através delas]

W.S. Merwin

PESCARIA

com Clarice

Como nas festas juninas da infância
quando pescávamos peixes de papel
na areia, e prêmios nos peixes:
lançar-me isca à pescaria
do poema
no poema
mesmo que ele seja como a alma úmida do peixe vivo
que a real pescaria desmente.

FRESTA

Pense na poesia
como o dedo cavando a fresta onde
há ainda uma pequena chance,
algo semelhante à colher numa cela
de presídio investindo contra
o chão de barro: um túnel,
a vaga ideia de liberdade.

PALAVRA

Esqueça a palavra —
ela não tem graça alguma,
serve só para isto:
acercar-se do silêncio
e se resumir num ponto.
Serve só enquanto testemunha
da própria ineficiência.
Esqueça:
pense no nó do arremate
antes que a linha se corte,
use da palavra apenas
seu grau de sugestão de vida
(mesmo sendo ela o índice
de sua própria morte).

GANHAR A VIDA

Depois da pequena intervenção cirúrgica
(*assine por favor os papéis que*
confirmam estar ciente dos riscos)
traduzir dois poemas
é um emprego para o dia de hoje,
é uma dose de remédio
(ibuprofeno, receitaram, mas não foi
suficiente):
traduzir dois poemas
para ganhar o dia
para ganhar a vida.

BASTARIA

Bastaria
algum tempo sem vencimento
aberto como asas
onde não haja sorrisos úteis nem
papéis a endossar. Um vão
entre duas felicitações
contemporizações — por exemplo
(pensar em) margear
Buenos Aires: poetas
Bornéu: primatas
adentrar a ideia dessas coisas.
Bastaria um templo
o céu cobalto que me ignora
raízes varando paredes
menos do que residuais.
Bastaria subtrair: sem eventos
sem motivos
e como desde sempre soubemos,
bastaríamos nós.

PAPELARIA UNIÃO

Era onde eu comprava os meus cadernos.
O centro da cidade era o nosso quintal.
Você fotografava os gatos e
os cartazes nos postes de luz da Cinelândia.
Havia em nós uma modéstia
quase arriscada, quase
imodesta. De muito pouco
dependia a nossa sobrevivência: tempo,
música, filmes. Ruas de paralelepípedos.
Por sugestão sua,
eu comprava os meus cadernos
na Papelaria União. Anotava
ali nosso futuro em versos
verdes, duma confiança irrefletida.
Não notava a prudência
clarividente das folhas já amareladas,
de outono, de antemão.

A OITO CHAVES

Pensar no que seria
se tivesse sido
o que não foi:
quase um autoflagelo, mas involuntário
(*não pense num elefante!*),
um segredo a oito chaves
e o risco imenso do ridículo.
Eu me perdoo — vá lá — a a impaciência,
a falta de jeito e o dia
em que quase esborrachei
o carro num muro (era o Fiat 147 da foto).
Perdoo-me até
o não ter perdoado quando.
Mas o ridículo, este ridículo depurado
pelo tempo — veja você a que ponto cheguei:
latindo à porta do seu alheamento,
lambendo os restos do que seria
se tivesse sido
o que não foi.
O que não fui.

BLUE SUNDAY

Não me lembro se foi *on a blue Sunday*,
como cantava Jim Morrison em nossos ouvidos.
Nem sei quantos atalhos tomamos, depois —
o herói de Truffaut é hoje um cara sério,
e nós, que o conhecemos
da época dos nossos *quatre cents coups*,
das nossas tardes sem nenhuma urgência
debruçados sobre o Rio, em meio aos turistas,
envelhecemos também. Sei que não disparam
os alarmes por nós: não somos nem mesmo
vaga ameaça. Mas nesse oco mal vedado
que ficou, sigo mendicante,
e carrego meias-luas sob os olhos
enquanto aguardo os tempos mais brandos
anunciados na canção.

PARA VOZ E PIANO

sobre "Cantares," de Ronaldo Miranda e Walter Mariani

quando não se espera que ele venha
usando outra palavra certa
que talvez não seja essa, puída,
mesmo que larga
como a brisa imaterial da madrugada
quando não se espera que ele
amor
supostamente *calmo e sem pernoites*
chegue mal-dormido
sem dicionário ou crachá
mais feito de olhar que de contato
quando não se espera por
nenhum de seus sinônimos
(íncubos, avatares, falsos milagres)
ele surge à porta
no meio da festa
sem contentamento
sem merecimento
sem futuro nem presente nem passado
puro e tonto
como as aves imigrantes sem pousada

Jerusalém

Já bastava o duplo clichê quando
desembarcaram no campo de batalha:
o para sempre do prelúdio,
o não era bem isso do posfácio.
Mas ainda mais ingênuo foi ter suposto que
a substância do amor, se ele por acaso
acaba (sim, ele por acaso acaba),
não oxida: apenas evapora no ar
como um anjo morto por assepsia.
Que ela não azeda,
não estraga nem fede nem mofa,
não se arrasta nesse purgatório de
partilha, promissórias, honorários,
até que a morte definitiva os repare
(ou o tempo ou o cansaço)
e assim destacados, desenredados
duas vezes da substância do
— como é mesmo o nome?
(*eles dividiram as suas vestes e as sortearam*)
possam seguir
como os estranhos que são,
Jerusalém enfim libertada.

TESTANDO A VOZ

Eu estava apenas testando a voz
— aquecendo os músculos, digamos,
ou talvez passando o tempo para
não ter de confrontá-lo. Não é curioso
esse paradoxo? O tempo nos deu
nacionalidades distintas,
que é mais ou menos como sinto
esse buraco entre gerações,
mas enviamos gritos,
às vezes nos entrincheiramos ali, às vezes
mandamos pombos-correios um para o outro
com cartas de alforria.
Em geral somos dóceis, embora o seu ar
distraído não me engane — a sua estratégia
de desligar os ouvidos. Em geral
somos os bichos domesticados que você e
os da sua geração tanto temiam. Cheguei
a pensar em agarrar suas roupas
e fazer coincidir nossos tempos.
Em vez disso, apenas abaixei os olhos
e disse boa noite e você nunca
ficou sabendo a que país eu pertencia
por trás das minhas mãos ao volante.

A NOSSA OUTRA CHANCE

A nossa outra chance
mora na cartola de um mágico
empenhado em entreter as
criancinhas (os adultos já deixaram
de afiançá-lo há muito).
O mágico saca alvíssimas pombas
que adejam essa paz por nós nunca
selada – e são pombas de verdade, não
bichos torturados e quebradiços.
Saca dez cores amarradas em lenços
e mais dez, e outras dez, e continuaria
pelo tempo que lhe confiassem.
No país que há dentro da cartola,
essa nação de coisas honestas
e sem astúcia, tão certas de trazer
sentido a um mundo que já não faz nenhum,
mora a nossa outra chance.
Ali está ela, entre coelhos
e fogos de artifício:
a minha mão de novo
na tua mão.

PASSAGEM

Vamos embora
para algum desses lugares
onde só se vive de passagem,
montar acampamento sobre as marcas
das solas dos sapatos
dos outros.
Se não há páginas em branco
para o nosso diário de viagem,
serve um guardanapo usado,
servem as margens dos livros.
Vamos embora
para algum desses lugares
onde ninguém assenta, sossega,
se firma ou consolida.
Vamos: faz uma vida que
estou de passagem
comprada.

AUFBAUEN

Significa construir
na língua deles. Nessa dupla
abertura vocálica, nessa amplidão
de avenidas cruzando uma praça
estrangeira, talvez haja
oxigênio bastante para deter
o trem numa estação sussurrada,
improvisada.
Vocalizar o desenho do abraço,
fechar os olhos e saltar do vagão
sem malas, sem passaporte, e tão
desobrigadamente como quem acabasse
de aportar neste mundo.

Or in the flood
You'll build an Ark
And sail us to the moon

[Ou, no dilúvio,
Você vai construir uma Arca
E nos levar até a lua]

Thom Yorke

ERMO

Você se lembra desse lugar
como se fosse ontem. O pesadelo desse lugar.
Seu corpo encolhido no próprio excesso,
brotando inábil dos seus pés
como um pinheiro num penhasco:
a última coisa verde admitida pela
altitude, pelo frio, pela rarefação do ar.
Seiva estranha à pedra — o que
deu na semente para tomar este rumo? O que
deu nela para nascer justo aqui, neste
ermo sem jardineiros nem alcaloides?
Neste inferno sem topiaria?

PROMESSA

O prato da casa
é a sobrevivência, então
não se preocupe. Não se preocupe.
Mesmo com todos os
estilhaços, a areia na garganta,
mesmo que eu tenha nos olhos
um cansaço de trincheiras,
mesmo assim, veja:
continuo de pé. Um joão-bobo,
um náufrago de pança inchada
subsistindo de sol a sol.

DIZER NÃO

Mesmo quando o vidro moído
da palavra magoar sua garganta.
Colocar a mão na fogueira e acariciar
as brasas, ainda que sua pele
descole feito a de um tomate. Apagar
as luzes e abraçar os mortos-vivos.
Morder, mesmo sem as presas de um cão.
Uivar. Dizer não até
a náusea: esse amor sem indulto,
esse desvelo sem glória
em que só os condenados insistem.

OS ANJOS

Onde estão os anjos bonitos,
os anjos de Wim Wenders,
com asas e sobretudos? E se
eles estiverem olhando agora,
não apenas para mim — e para
este pensamento de mãos
trêmulas: *a você perdoo tudo* —
mas também para o homem prestes
a ser decapitado e para o homem
prestes a decapitá-lo e para
a mulher com o rosto corroído
pelo ácido e o irmão que jogou
ácido em seu rosto: anjos
de Wim Wenders, por favor
digam onde, onde
essa beleza em câmara lenta
que tanto os comoveu, o mundo no reflexo
dos para-brisas, o mundo tal como visto
em branco e preto
do céu sobre Berlim?

Quatro da manhã

Isso que sou
ou penso ser
ou gostaria de ser
não chega aos pés
do canto com que o pássaro
ensaia a manhã,
intuindo o sol
sem um vestígio de metafísica
e sem o peso de chumbo
das minhas esperanças.

IPSO FACTO

É arriscado e você sabe.
A navalha da solidão
a um milímetro da jugular:
isso de arrebanhar os nervos,
pastorear a alegria e a dor em seu
inalienável direito de existir.
A vida, *ipso facto*.

Há sol demais por aqui. As sombras
expatriam-se dentro das coisas, sem uma
chance. A luz é cáustica,
esta luz de inquérito sob a qual o preso
não tem outra alternativa.
Você optaria por um mundo em claro-escuro,
mas tudo se revela (pior: se demonstra,
como num laboratório, como no corpo
aberto de uma cobaia) com enorme zelo e
não admite perfis, murmúrios, vislumbres.
Essa luz medonha que se esfrega
na sua cara — o quanto você não daria
por um instante de penumbra.
Por um segundo de indecisão.

Nada consta

As coisas vão bem, de modo geral,
disfarçadamente bem. Peruca, bigode postiço,
identidade falsa: a polícia de fronteira
sequer ergue os olhos. As coisas vão
bem assim, nesta impostura,
inchadas de esteroides. Exibem os diplomas
(oratória, etiqueta social)
emoldurados na parede.
Os hematomas se camuflam com
roupas, lenços, maquiagem. Todo mau passo
é queimado em público, e toda lágrima
acontece e evapora longe daqui.

A MANHÃ INTEIRA

para Mariana Ianelli

A manhã inteira
e nenhum trabalho que preste.
O mundo respirando quieto
no pulmão da neve tardia.
Você queria que as palavras
fossem simples e poucas,
os objetos ao seu redor simples e poucos,
a fome abrandável por um pedaço
de pão. Queria a mansidão
das folhas ainda meninas
tapadas pela neve, sem susto.
Ali, esperando. Ali, quietas, meditativas,
livres até mesmo da crença
de que mais tarde voltarão a brotar.

LUGAR

A ermida corpo, sim, caiada
e rústica. Mas também a ferida aberta
da mente, esta nação sem chefe,
este lugar que habito (me habita?)
sem habite-se ou alvará.
Que não me habilita, ademais, ao corpo —
que não se casa a ele nem
nele se cala. Este descampado (ermo
sem fundo) onde não há ermida ou
alpendre: tudo é deserto
e as vozes dos deuses
se confundem nas sarças.

Animais delicados

Claro que não têm a menor importância
as tardes nubladas. O comentário serve para
tirar da palavra a trava
de proteção. Tanto que depois
falamos de Hermann Hesse,
universos paralelos, Edward Bernays.
Falamos dos caras que querem saber se
suas garotas tiveram orgasmos múltiplos
e quantos exatamente
pois essa é a medida de sua (deles) adequação.
Falamos do quadro que você pintou
inspirado no filme. Mencionamos
esta nossa fé torta, exonerado o dogma.
Numa revelação ao revés,
fica acertado que seremos tenazes antes
da extinção, como o leopardo-de-zanzibar
e o lobo-da-tasmânia. Aliás:
como se enganam os passantes
acreditando, pelo tom da nossa voz,
que somos animais delicados.

Though he knows he's really nothing
But the brief elaboration of a tube

[Embora ele saiba que na verdade não é mais
Do que a breve elaboração de um tubo]

Leonard Cohen

LEONARD

Duas mãos, dois hemisférios
cerebrais, quatro cavidades cardíacas,
um par de ouvidos perplexos,
mais de duzentos ossos (três deles quebrados)
e o sentimento do mundo. Algo
acontecendo em segredo, e o cerco
da neblina em torno de velhas convicções.
Um quarto de hotel ou mosteiro,
o *zazen* informal de uma corda
dedilhada ou do gelo tilintando no copo.
Um resto de elegância, Leonard,
e de loucura. O tempo que escorre,
este dar-se conta.

Parque dos Cervos

Estive aí algumas vezes.
Impaciente, como sabe: esperando
das coisas sempre o verso seguinte.
E você perseverando na ciência
da pedra. Dizendo *não tome nota.*
Insistindo *varra o chão com esmero,*
como se tudo se resumisse (e se resumia)
a isso. Achei que era mau teatro
e fui embora antes do fim. Mas agora que
engordam os anos e a vista anda curta,
tenho todos os motivos para rir.
Para rir de mim, afinal: a pedra era
ciência aplicada, e o mau teatro
desde sempre este em que atuo,
acreditando que é por falta de opção.

SUPÉRFLUO

Levando-o ao pé da letra,
seria supérfluo estar aqui, agora,
com estas palavras requentadas,
nesta miséria cujo sucesso é
invariavelmente um fracasso.
Demonstraríamos, *reductio ad absurdum*,
que só a cessação nos dignifica.
Que só recusando a flor irrazoável
da vida seria possível
empunhá-la, esperança e lâmina.
Mas entendo o seu sorriso
que diz *insistir, apesar*: em nossas tarefas,
mesmo que indigentes. Em abrir
os olhos, a porta. Em aceitar
esta pele e por trás dela
mais algum mistério
que pode ou não ser o bafo que
nos anima. Entendo quando você persiste
na mesma verdade de terra
daqueles sábios que nunca envelheceram,
nem mesmo depois de mortos.

Depois de um longo dia de trabalho

para Claudia Roquette-Pinto

O panteão tibetano
em suas molduras de brocados
e na janela uma bandeja:
pedaços de ossos e frutas para
os pássaros. Vejo você
outra vez doméstica,
apaziguada — disseram certa vez: é
como tirar os sapatos depois de um
longo dia de trabalho.
Você toca a testa no chão
e a umidade dos olhos comprova
o que sua voz agora doce entoa
numa língua que não compreendo.
Tenho a impressão de que
as paredes se curvam numa
mesura quase imperceptível. Tenho
a impressão de que lá fora as folhas
do outono, festivas, esvoaçam
também por isso.

A CAUDA DO BÚFALO

Esta pequenina cauda —
que coisa maravilhosa ela é!

Wu-Tsu

Imagine o búfalo
pulando a janela: passam a cabeça
com seus chifres pontudos, as patas dianteiras,
o torso robusto e as patas traseiras.
E no entanto a cauda não passa.
Mas por quê ? Justo a cauda,
esse apêndice diminuto
e estranho, esse nó?

Um professor de filosofia
apresenta a questão aos alunos.
A maioria ensaia longas dissertações.
Apenas dois oferecem respostas
que julga satisfatórias.
Porque sim, diz um deles.
E o outro: *por que não?*

A cauda do búfalo,
o remate impossível do salto.
Com gratidão, você envelhece
dia após ano após minuto.

SOB OS OLHOS DO INIMIGO

O corpo dói como estava previsto.
Gautama descobriu o mesmo.
A dor é imperativa, mas não a dor
da dor: o poeta Issa, por exemplo,
levava as pulgas
para passear em Matsushima
e oferecia a casa aos seus pulos,
desculpando-se
que fosse tão pequena.
O que Gautama propôs ao se sentar
sob a figueira,
sob os olhos do inimigo,
e apontar o caminho (dedo
mirando a lua) foi o remédio à dor
de resto inútil
da dor.

Two Winks

think once:
it's gone, the instant
you're gone
you're another one
and that one's gone, too
think twice
not limitless
not perpetual
not unfailing
not unceasing: think, blink,
you're gone

    *

nowhere to go
no self to cherish
or pity
no path to follow
or fear
no oath, no aim
no breath
no other and
no other miracle
no flaw
no truth

Nirvana

Caiu no chão o Buda
que trouxeram para mim do Japão.
Era um dos meus objetos de afeto.
Havia mudado de casa algumas vezes.
Conhecido a glória no fundo do armário
e o constrangimento no altar.
Caiu no chão (ninguém viu)
e amanheceu sem seu *ushnisha*,
aquela protuberância no topo da cabeça,
símbolo do despertar espiritual.

Senti no estômago a irritação
— quebraram meu Buda japonês! —
e um árduo desejo de vingança.

Será que a diligência da paixão,
se tão distraída quanto descomedida,
ainda me solta de mim e me atira,
em carne viva, para a margem de lá?

Eclipse

Pintada de eclipse, a lua quase não se deixou ver.
Nuvens de gaze no céu. Há três anos, na serra,
ela era um disco marrom
e no escuro e no frio a luneta a deixava ainda mais.
Pela manhã, sobre o lago de gelo, o sol desenha
o contorno do telhado. Escrevem de Lisboa:
a cidade mais triste do mundo. As flores amarelas
secaram antes de apodrecer — *daffodils*, narcisos,
fazem pensar em Katherine Mansfield.
A moça judia em Turov procura sua filha
depois de fechar os olhos dos mortos e
tirar dos pés os cacos dos copos quebrados:
humanos destruindo uns aos outros como
furacões passando através das casas.

Lavar o rosto, desaprender o samba
enredo. Cuidar para que os pés
toquem, apenas, esta avenida.
Claro que há ecos de acordes
em qualquer silêncio,
mas sem autoridade. A folia
é íntima, e os jurados confundem recato
com uma fantasia rota. Eles erguem
as placas com as notas.
Não olhe.
Não deixe que azedem
o seu carnaval ao contrário, a sua
alegria na contramão.

Neste mesmo mundo

A vida íntima
de uma menina de dez anos
na Somália (*Somália* é qualquer lugar
neste mundo, neste mesmo mundo):
o clitóris e os lábios vaginais são decepados
a menina é costurada em seguida, deixando-se
apenas uma pequena abertura para a urina e a menstruação
a menina é imobilizada até que a pele grude
entre suas pernas
e no dia em que estiver pronta para o sexo
seu marido
ou uma mulher respeitada na comunidade
vai abri-la de novo, cortá-la
como se corta uma fruta, como se corta
a aba de um envelope que traz um documento importante
como o avião corta a nuvem
como a nuvem corta o céu.

MEMORIAL DAY

O capitão se pergunta se os soldados
vão se sentir seguros
ao voltar para casa
se eles vão se sentir em casa
em casa
— por exemplo, a mulher do Sargento K
pediu o divórcio e foi embora
levando o filho e quase todo o dinheiro
da conta bancária.
Meses antes, o Especialista P foi morto
por um policial no Arizona
depois de atirar num homem
em frente a um bar.
Mas o Soldado S, vinte anos,
que nunca conheceu o pai (e que
morou nas ruas de Port Arthur, Texas
depois que a mãe morreu de AIDS),
está empolgado com a gravidez
da namorada e embora ache
que ainda não está pronto para ser pai,
quer muito tentar — *ver os primeiros passos
do meu filho, vê-lo cair da bicicleta
pela primeira vez*. Quando
o avião aterrissou, em março,
o Sargento N percebeu que o ar
no Wheeler-Sack Army Airfield
era mais fresco do que no Afeganistão.

Sua mulher tinha acordado à uma da madrugada
para se maquiar e
usava um vestido apertado e
trazia os filhos pelas mãos.

BICHOS

Ornamentais, peixes e pássaros.
De briga, galos e cães (esses também
de companhia, fiéis como chinelos macios
esperando à porta ao fim de um
dia chuvoso e frio). Lagartas fervidas vivas
desde que uma delas inventou a seda,
tombo na taça de chá
da imperatriz chinesa.
Peixes desventrados enquanto
se afogam no ar. Patos-fígado
engordados no muque. O crânio
do macaco aberto feito um coco
no laboratório (*holocausto*,
disse o escritor judeu).
Bichos coisa. Bicos
decepados na granja. Bichos sujos
e gordos e aguilhoados e servidos.
E nós, os outros bichos,
tristes, tristes *sapiens*
versados em nós mesmos,
a caminho
do túmulo, a caminho de onde mais.

BALÃO

O balão leva alguém
para uma volta ao mundo — é
o que você escolhe pensar, pés fincados
no cimento mole da manhã em que
todos os voos são imaginados
ou impossíveis, como o do balão
que brota do horizonte tal uma
pera invertida e cujas cores
mal se podem distinguir (mas você sabe
que as há, se as há sempre, se os balões são
animais do ar, da cor, do risco).
O balão sobe em seu perigo lento.
Daqui de baixo você sorri de sua própria
fantasia (é só um sujeito se divertindo
lá em cima numa manhã
de quarta-feira, só isso) e segue
em frente: uma vez pedestre,
sempre chão.

IRENE NO CÉU

Irene latina
Irene boa
Irene sempre de bom humor.
Veio do Paraná e quando chegou
o coiote lhe disse, na fronteira:
— Anda, Irene. Quem se cansar fica para trás.
Não vê os filhos há dez anos
conversa com eles pelo Skype
manda-lhes quase todo o dinheiro das faxinas.
Prefere casas brasileiras porque
em dez anos o inglês ainda é um nó.
Tem alergia aos produtos de limpeza
e dores nas pernas por causa do acidente.
(*O problema com a nova lei da imigração é que a pessoa
tem de se declarar criminosa, então não sei.
Melhor deixar como está.*)

Irene boa
Irene sempre de bom humor.

CARTAGENA

Cumpleaños feliz, cantam,
e enquanto isso todos os hóspedes
se foram pelas ruas
disfarçados de caribenhos,
suando mesmo sob o linho branco
na fumaça caricatura dos charutos.
Não parecem notar
(e isso não parece ter importância)
alguém que por acaso ficou,
vagamente assombrado,
para trás — para fora,
cordialmente eliminando-se
tique após taque
a cada batida do coração
— *cumpleaños feliz* — que é
uma batida a menos do coração.

Noite num subúrbio americano

As casas se revolvem
em seus estômagos, endêmicas,
o lá-dentro vedado e velado apesar
da transparência das vidraças:
o chispar da tevê, o par
de luminárias, o cachorro-pufe
rimando com o sofá.
Do lado de fora, uma solidão de coiotes,
de bichos escusos,
escava um caminho por artérias
misteriosas, no tapete puído
de folhas secas embaralhadas mais cedo,
quando um vento forte segurou
o outono pelo pescoço
e sacudiu com vontade.
O silêncio crepita e farfalha. No céu
nasce um naco frio de lua
que não tem o menor interesse para ninguém.

Um cisne

Lá vai ele em seu carnaval,
indiferente a qualquer clichê
em que tenhamos encerrado
sua elegância.
Lá vai ele romântico
sob os dedos de Mischa Maisky,
o aveludado cisne de Saint-Saëns —
lá vai ele desfilando,
desafinando a brutalidade e a tolice
do palco mundo,
da plateia de olhos vidrados,
lá vai ele desafiando
a superfície.

CACHORRO DEITADO NA NEVE

Diz ali que foi eleito
o quadro preferido dos visitantes do museu.
A cidade é Frankfurt, o artista
é Franz Marc e o dia
é uma coleção de horas a
transpor, a passar a perder
de vista. As calçadas também sentem
frio, acho, e todos os passantes
devem ter os pés doloridos.
Mas o que será que guarda
em seu coração de tela
o cachorro, esse cachorro alourado
ressonando expressionista sobre a neve,
será que ele dorme em alemão?
Será que ele suspeita como percute
este coração humano
que passa diante dele, igualmente
manso, aguardando o degelo,
o pulo, o verão?

LAVAR A ALMA

para meu irmão e minha irmã

A alma precisa ser lavada à mão.
Não que seja de pano delicado,
nem que sangre tinta. Ao contrário,
a alma é bruta, e se não for lavada à mão
a tarefa não fica bem feita. Apanhe
um sabão de coco — o mais barato serve.
Esqueça alvejante, amaciante,
alma nenhuma precisa disso.
Deixe de molho por algum tempo
a fim de tirar o encardido, as manchas
de gordura, de lama.
Depois esfregue no tanque,
torça e estenda ao sol. Não requer
que se passe a ferro. Lavada assim,
a alma pode ser usada
ainda por muitos anos,
uniforme ideal a esta escola
de obstinação que é o corpo,
que é o mundo.

NESTA FESTA COM HORA PARA ACABAR

para Adriana Lunardi

Tapamos os ouvidos quando começa
o extravagante baticum,
mas nos ouvimos com clareza
através de uma mesa de bar ou café,
nubladas como este Rio de Janeiro
à sombra dos guarda-chuvas.
Temos fracassado em muita coisa,
e buscado amparo não tanto
na esperança quanto na curiosidade:
abrir a fresta da cortina
para uma alvorada estrangeira,
abrir a boca apesar do bafo
desse medo indigesto,
exercitar a inadequação, sabendo-nos
ridículas como missas em latim.
Quando acabar a festa, seguiremos a pé
para casa, brincando de percutir
o mundo roto com os nossos sapatos
ainda mais. Terá sido como a canção
que sua mãe queria (a minha também):
E bandos de nuvens que passam ligeiras
— pra onde elas vão, ah, eu não sei,
não sei.

JARDIM

As mãos afundam na terra:
nação de bichos úmidos,
cortejo cego de nomes desfeitos,
decompostos, recompostos —
entreposto escuro de verbos
táteis, onde os mortos sufocam
no júbilo dos novos vivos:

tudo são flores.

O FIM

Que seja pouco notável. Que não haja
diplomas, discursos, divórcios, que tudo
acabe informalmente feito o último gole
d'água no copo que você pode
encher de novo, ou feito o inseto que
o pássaro engole, ou a lua que lentamente
míngua no céu. Que não haja
trens de pouso, missas de sétimo dia,
que não haja encômios nem o golpe
baixo da exclamação rematando a frase.
Que não haja sustos, digestivos,
última unção, que não haja impacto
ou rima. Que o fim das contas seja
ao fim e ao cabo de um recato absoluto,
de uma seriedade sem adornos. Como
se você fosse se afastando da cidade e
deixando para trás o barulho que fazem
os políticos na assembleia
e a agonia da banda de música
em dia da festa municipal.

PARTE DA PAISAGEM

Abrir os olhos sem um traço
da pressa de outros tempos.
Se a floresta soube, paciente, petrificar-se,
agora você também faz
parte desta paisagem:
sob o sol duro e o vento áspero
e alguma condensação,
um calendário de rocha, magma, detrito.
Seu corpo mineralizado até
que de você só se note o silêncio,
ou nem mesmo isso. Até que
de você só se saiba um cristal.
Enterrado no ventre
de uma montanha,
desgarrado num meteorito
daqui a alguns milênios
quando também as montanhas
estiverem extintas.

MÃE

Sem você é como se a casa
se insubordinasse –
ninguém ajeitou o pano da pia
nem as almofadas do sofá,
e aqueles frascos
estão disseminados sobre a cômoda
feito personagens tímidos
numa festa onde não conhecem ninguém.
Quando mais cedo você
segurou a minha mão
nas suas mãos machucadas
e me fez a pergunta à qual respondi
que sim
(*será que eu vou ficar boa?*)
estreávamos um outro tempo,
eu sei:
um tempo em que talvez já não importem
o pano da pia
nem as almofadas do sofá.
Mas que outra disciplina conhecemos?
Que outra fórmula
para o que nos desvestiu das fórmulas?
Então vou lá e ajeito
o pano da pia
e as almofadas do sofá,
por nada,
por acaso,
por amor.

NOTA

Alguns poemas deste livro foram publicados anteriormente, às vezes em versões um pouco diferentes e com outros títulos:
- "Neste mesmo mundo": coluna "Risco", de Carlito Azevedo, jornal *O Globo*, 30 jul. 2011.
- "Balão": *Água da palavra* n. 7 (online) e *Mallarmargens* (online).
- "Memorial Day" e "Testando a voz": *Água da palavra* n. 7.
- "Bastaria": *Amar, verbo atemporal*, coletânea de poesia (org. Celina Portocarrero, Rocco, 2012).
- "Por um instante de penumbra", "Blue Sunday" e "Poesia": *Revista Pessoa* (online) e *Fingimento* (ebook, org. Luiz Ruffato, Mombak, 2014).
- "Lugar", "Cachorro deitado na neve", "Nesta festa com hora para acabar", "Os anjos", "Fresta" e "Jerusalém": Jornal *Rascunho*, dez. 2013.
- "Nossa outra chance", "Lavar a alma" e "Parte da paisagem": *Modern Poetry in Translation: Twisted Angels*, Inglaterra, abr. 2014, tradução de Alison Entrekin.
- "Mãe": revista *Brasileiros*, abr. 2014.

Dívida: "Sentimento do mundo", de Carlos Drummond de Andrade ("Leonard"); "Irene no céu", de Manuel Bandeira ("Irene no céu"); "Bifurcados de 'Habitar o tempo'", de João Cabral de Melo Neto ("Lugar"); "Dindi," de Tom Jobim e Aloysio de Oliveira ("Nesta festa com hora para acabar"); "É tempo de parar as confidências", de Hilda Hilst ("Parte da paisagem").

Agradecimentos muito especiais: Raquel Abi-Sâmara, Mariana Ianelli, Wilberth Salgueiro (Bith), Eduardo Montes-Bradley, Lucia Riff, Gabriel Bessler e Paulo Gurevitz. Também à Universidade da Califórnia, Berkeley, onde trabalhei na revisão final deste livro durante uma temporada como escritora residente em abril de 2014, a convite da Professora Candace Slater.

Sobre a Autora

Foto: Julie Harris

Adriana Lisboa nasceu no Rio de Janeiro. É autora de seis romances, poeta e contista. Publicou, entre outros livros, os romances *Sinfonia em branco*, *Azul corvo*, um dos livros do ano do jornal inglês *The Independent*, e *Hanói*, um dos livros do ano do jornal *O Globo*. Dos prêmios que recebeu destacam-se o José Saramago, por *Sinfonia em branco*, e o Moinho Santista, pelo conjunto de sua obra. Seus livros foram publicados em treze países e traduzidos em nove idiomas, entre os quais inglês, alemão, francês, espanhol, sueco e árabe. Graduada em música e pós-graduada em literatura, vive atualmente nos Estados Unidos.

CADASTRO

ILUMI\\URAS

Para receber informações
sobre nossos lançamentos e
promoções, envie e-mail para:

cadastro@iluminuras.com.br

Este livro foi composto em Legacy pela
Iluminuras e terminou de ser impresso
nas oficinas da *Meta Brasil Gráfica*, em
São Paulo, SP, em papel off-white 80g.